Bandenamaj Desai

Implementação do algoritmo rápido CORDIC para aplicações incorporadas

Bandenamaj Desai

Implementação do algoritmo rápido CORDIC para aplicações incorporadas

ScienciaScripts

Imprint
Any brand names and product names mentioned in this book are subject to trademark, brand or patent protection and are trademarks or registered trademarks of their respective holders. The use of brand names, product names, common names, trade names, product descriptions etc. even without a particular marking in this work is in no way to be construed to mean that such names may be regarded as unrestricted in respect of trademark and brand protection legislation and could thus be used by anyone.

Cover image: www.ingimage.com

This book is a translation from the original published under ISBN 978-620-7-80938-7.

Publisher:
Sciencia Scripts
is a trademark of
Dodo Books Indian Ocean Ltd. and OmniScriptum S.R.L publishing group

120 High Road, East Finchley, London, N2 9ED, United Kingdom
Str. Armeneasca 28/1, office 1, Chisinau MD-2012, Republic of Moldova, Europe
Managing Directors: Ieva Konstantinova, Victoria Ursu
info@omniscriptum.com

Printed at: see last page
ISBN: 978-620-8-57851-0

Conteúdo

RESUMO

A trigonometria é o ramo da matemática que descreve a relação entre os ângulos e os comprimentos dos triângulos e que ajudou os primeiros exploradores a observar as estrelas e a navegar nos mares. A trigonometria desempenha um papel importante na ciência e na tecnologia que nos rodeia.

CORDIC é uma classe de algoritmos de deslocamento e adição para a rotação de vectores num plano, utilizada para o cálculo de funções trigonométricas, multiplicação, divisão e conversão entre sistemas de números binários e de radix misto de aplicações DSP, como a Transformada de Fourier.

São desenvolvidos diferentes tipos de algoritmos CORDIC modificados para minimizar a iteração, diminuir o tempo e a área de execução e aumentar a eficiência. A velocidade e a área são parâmetros importantes a nível da implementação VLSI, sendo a área também importante, uma vez que mais área significa maior custo do sistema. Uma vez que o cálculo das funções elementares domina o tempo de execução da maioria dos algoritmos DSP, é necessário um algoritmo CORDIC de alta velocidade. O principal inconveniente do algoritmo CORDIC é que, para convergir para N bits de precisão, são necessárias N iterações. Por conseguinte, a velocidade de execução é menor à medida que o número de iterações aumenta, o que também diminui a eficiência.

É necessário reduzir o número de iterações para aumentar a velocidade de execução, pelo que são utilizados algoritmos CORDIC híbridos, em que o ângulo dado é dividido em dois ângulos: grosso e fino. São necessários dois processadores; o ângulo grosso é calculado utilizando o primeiro processador, que é igual ao CORDIC original, que é uma LUT, mas o segundo processador não tem LUT; os cálculos baseiam-se em deslocações e adições; só dependem dos valores do ângulo fino, o que diminui o número de iterações. Este projeto é simulado e sintetizado no Xilinx 14.7.1i. Este algoritmo é comparado com o algoritmo Radix 2.

O atraso do CORDIC híbrido é de 3,786ns e a frequência máxima é de 264,118MHz. O número total de caminhos / portas de destino do CORDIC híbrido é 33355 / 854. O número de registos de corte no CORDIC híbrido é 888. A LUT necessária no Hybrid é 958. Em comparação com o algoritmo Radix-2, a velocidade é maior e a necessidade de recursos é menor no Hybrid CORDIC.

No CORDIC híbrido obtém-se o mesmo resultado que no CORDIC original com menos atrasos e menos recursos, pelo que este pode ser utilizado em aplicações DSP e em sistemas incorporados em tempo real

CAPÍTULO 1

INTRODUÇÃO

1.1 VISÃO GERAL

A trigonometria, o ramo da matemática que descreve a relação entre os ângulos e os comprimentos dos triângulos, ajudou os primeiros exploradores a observar as estrelas e a navegar nos mares. A trigonometria desempenha um papel importante na ciência e na tecnologia que nos rodeia. As funções seno e cosseno também podem ser representadas em triângulos de 90 graus à nossa volta. Os voos espaciais e as coordenadas polares, as ondas sonoras, a trajetória balística e o GPS nos telemóveis são algumas das aplicações das funções seno e cosseno.

A trigonometria também tem mais aplicações na robótica. Para encontrar a posição exacta do braço de um robot de recolha e colocação, é necessário efetuar cálculos trigonométricos. Assim, a trigonometria desempenha um papel importante no desenvolvimento da robótica. Como mostra a figura, a posição do robô depende do ângulo da articulação, que é função do seno e do cosseno do ângulo da articulação.

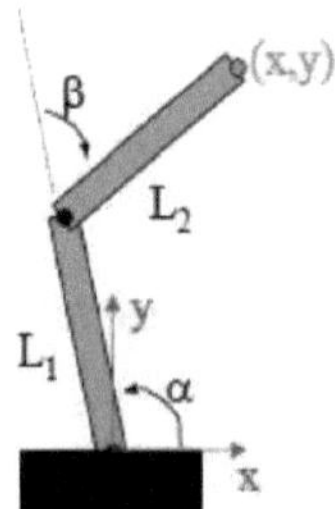

Fig. 1.1 Braço robótico de recolha e colocação

O Processamento Digital de Sinais (DSP) é um tema vasto e fascinante, cuja aplicação explodiu nas últimas décadas. Um cientista e matemático francês chamado Jean Baptiste Fourier provou que qualquer forma de onda que se repita após um período de tempo (como um som musical) pode ser expressa como a soma de um conjunto infinito de curvas sinusoidais. A análise de Fourier é uma família de técnicas matemáticas, todas baseadas na decomposição de sinais em sinusóides.

A trigonometria é também muito importante para a indústria; os cálculos trigonométricos são utilizados pelos fabricantes para criar tudo, desde automóveis a pequenas coisas. As relações trigonométricas são essenciais para determinar as dimensões e os ângulos das peças mecânicas utilizadas em máquinas, ferramentas e equipamentos. Esta matemática desempenha um papel importante na engenharia automóvel, permitindo às empresas automóveis dimensionar corretamente cada peça e garantir que funcionam em conjunto de forma segura.

A trigonometria desempenha um papel muito importante na pilotagem de aviões, mísseis e navegação por satélite. Os voos espaciais dependem apenas de cálculos de trigonometria e de conversões para coordenadas polares, porque ajudam a modelar os movimentos orbitais. As coordenadas polares exprimem uma posição num plano bidimensional utilizando um ângulo em relação a uma direção fixa e uma distância em relação a um ponto fixo. As coordenadas polares podem ser convertidas em coordenadas cartesianas (x,y) utilizando as funções seno e cosseno.

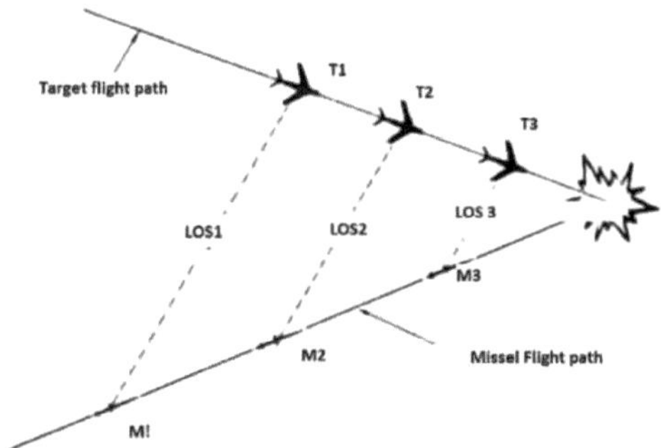

Fig 1.2 Método do ângulo de ataque do alvo

O míssil foi concebido para conduzir o alvo da mesma forma que um caçador conduz um pássaro em voo. Para conduzir o alvo e obter um acerto, deve ser utilizado um computador. O computador prevê continuamente o ponto de impacto do míssil com o alvo. Se o alvo não tomar medidas evasivas, o ponto de impacto permanece o mesmo desde o momento do lançamento até ao impacto do míssil. Se o alvo tomar uma ação evasiva, o computador determina automaticamente um novo ponto de colisão. Em seguida, envia sinais para o piloto automático do míssil, para que este corrija a sua rota de modo a atingir o novo ponto de colisão. Como mostra a figura 1.2, a determinação do alvo é função do ângulo e das coordenadas polares, pelo que os computadores utilizam extensivamente funções trigonométricas para determinar o alvo.

Uma trajetória balística ou, por outras palavras, a trajetória de um objeto em movimento de projétil descreve um objeto que foi disparado, atirado, arremessado, pontapeado, etc. Pode ser dividida nas suas componentes x e y da velocidade inicial do objeto. Ao decompor a velocidade inicial/partida, utilizamos as funções seno e cosseno. Com estas componentes podemos encontrar o deslocamento ou a distância que o objeto percorreu, podemos também encontrar o tempo do movimento e a altura máxima do objeto com as funções seno e cosseno. Assim, durante a guerra, o seno e o cosseno desempenham um papel importante no disparo de armas de artilharia para a posição exacta dos inimigos

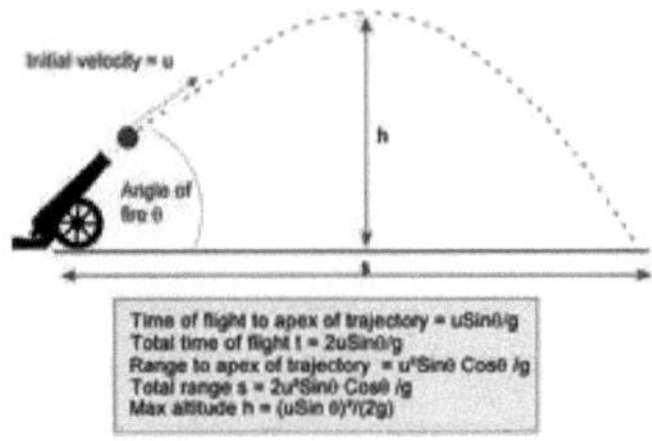

Fig.1.3 objeto em movimento de projétil

A energia eléctrica utiliza a corrente alternada para transmitir eletricidade através de fios de longa distância. Numa corrente alternada, a tensão é transmitida sob a forma de ondas sinusoidais. Por conseguinte, a trigonometria desempenha um papel importante na produção, transmissão e distribuição da energia eléctrica.

Nas comunicações analógicas e digitais modernas, os senos e os cossenos desempenham um papel muito importante. Desde a comunicação por rádio até à comunicação por satélite, todas dependem de funções trigonométricas.

A arquitetura e a engenharia dependem essencialmente de cálculos triangulares. Para determinar o comprimento dos cabos, a altura das torres de suporte e o ângulo entre os dois quando se medem as cargas de peso e a resistência das pontes, a trigonometria requer a determinação dos ângulos corretos. A partir de cálculos trigonométricos, os construtores são capazes de traçar uma parede curva, calcular a inclinação adequada de um telhado ou a altura e a subida corretas de uma escada.

Os cálculos de trigonometria são muito importantes na teoria e produção musical. As ondas sonoras viajam num padrão de onda repetitivo, que pode ser modelado graficamente por funções de seno e cosseno. Um modelo gráfico de música ajuda os computadores a criar e a compreender os sons. Utilizando o modelo gráfico, os engenheiros de som conseguem visualizar as ondas sonoras para poderem ajustar parâmetros como o volume, o tom e outros elementos para criar os efeitos sonoros pretendidos. Utilizando cálculos de trigonometria, é possível determinar a colocação das colunas porque os ângulos das ondas sonoras que atingem os ouvidos podem influenciar a qualidade do som.

CAPÍTULO 2

REVISÃO DA LITERATURA

É efectuada uma revisão da literatura para identificar várias arquitecturas de CORDIC adequadas à implementação em FPGA.

O algoritmo CORDIC foi derivado das equações gerais da rotação vetorial. O Sr. Volder estava a tentar melhorar os sistemas de navegação em tempo real utilizados num bombardeiro B-58. Nessa altura, eram utilizados instrumentos analógicos para resolver as equações de navegação que permitiam obter a posição do avião na Terra, mas a sua precisão era menor. Ele encontrou o seno e o cosseno de um ângulo, rodando um vetor da sua posição inicial para a sua posição final. O vetor era rodado numa série de pequenos passos, ao mesmo tempo que se actualizavam as coordenadas X e Y do vetor após cada passo. A operação de atualização era simples de executar. Quando o vetor atingia a sua posição angular final, as suas coordenadas X e Y finais davam os valores do cosseno e do seno, respetivamente, do ângulo de Θ. Ele propôs o algoritmo CORDIC, a descrição funcional e o fluxograma da solução no artigo [1].

O algoritmo unificado para as funções elementares foi proposto por J. S. Walther, no seu artigo "A Unified algorithm for elementary functions", que é principalmente uma introdução tutorial ao algoritmo unificado para o cálculo das funções elementares. A base do algoritmo é a rotação de coordenadas em coordenadas circulares e hiperbólicas. As únicas operações necessárias são a deslocação, a adição, a subtração e a utilização de valores previamente calculados[2].

No artigo "5o years of CORDIC: Algorithm, Architecture and application" (5o anos de CORDIC: algoritmo, arquitetura e aplicação), é feito um levantamento exaustivo dos diferentes tipos de algoritmos CORDIC para o cálculo de várias funções trigonométricas, exponenciais e lineares, a transformação de e para coordenadas polares e rectangulares e a extensão a funções hiperbólicas. Apresenta uma vasta gama de aplicações do algoritmo CORDIC[3].

Para reduzir eficazmente o número de iterações, S. Wang efectuou a implementação do algoritmo CORDIC híbrido, derivando aqui a equação condicional para o algoritmo CORDIC híbrido sem sacrificar a precisão. Neste documento, são discutidos principalmente dois tipos de algoritmo CORDIC híbrido: o primeiro é o híbrido misto e o segundo é o algoritmo CORDIC híbrido particionado. [4] B.Tiwari efectuou um estudo de compressão sobre o CORDIC híbrido em "Implementation of a Fast Hybrid CORDIC Architecture". Neste documento, discute-se a implementação de uma arquitetura CORDIC híbrida de baixa latência. São explicados principalmente dois tipos de implementação do algoritmo CORDIC híbrido: um é o algoritmo CORDIC híbrido misto e o outro é o algoritmo CORDIC híbrido particionado. Ambos são implementados utilizando HDL e os parâmetros de área, potência e atraso são comparados com o CORDIC original[5].

Supriya Agarwal descreve as arquitecturas CORDIC reconfiguráveis. É descrito o conceito-chave, a estratégia de conceção e a implementação de arquitecturas de computadores digitais de rotação por coordenadas reconfiguráveis (CORDIC). O CORDIC pode efetuar o cálculo de várias funções trigonométricas e exponenciais, logaritmos, raiz quadrada, etc., de CORDIC circulares e hiperbólicas utilizando CORDIC em modo de rotação ou em modo de vectorização num único circuito. [6]

O algoritmo Para-CORDIC foi descrito por Satish Sharma, que utilizou o Para CORDIC nas comunicações por satélite. O Para-CORDIC é o novo método de implementação das equações CORDIC. A velocidade e a precisão são boas nesta implementação CORDIC. No seu artigo, apresenta a implementação do algoritmo Para-CORDIC e as suas aplicações nas comunicações por satélite. Especificamente, o Para-CORDIC baseia-se no DDFS e no DDC e nas suas utilizações nas comunicações por satélite. [7]

A abordagem de recodificação de ângulos sugerida por Hu em "An angle recoding method for CORDIC algorithm implementation". Remove as pseudo-rotações divergentes e faz todos os esforços para convergir para o objetivo final que fará com que o ângulo residual (Zi) mais próximo de 0 seja escolhido a partir do conjunto de constantes angulares disponíveis[8].

O algoritmo CORDIC é a forma mais simples e fácil de calcular o seno e o cosseno de um determinado ângulo e, com poucas LUT, é possível implementar o algoritmo CORDIC. No entanto, o algoritmo CORDIC original é fácil de implementar, mas a velocidade de iteração é reduzida e a eficiência também é menor. Nos 50 anos da invenção, foram propostos muitos algoritmos CORDIC modificados, como o algoritmo CORDIC baseado em radix elevado, etc., que têm por objetivo reduzir o número de iterações, a área e aumentar a eficiência. O CORDIC híbrido é um dos métodos que permite reduzir as iterações e aumentar a velocidade de execução. Assim, é possível utilizar este algoritmo em aplicações incorporadas.

2.1 Declaração do problema

A conceção de um módulo CORDIC rápido utilizando o algoritmo CORDIC híbrido foi definida como o objetivo deste projeto.

2.2 Objectivos

i. Fazer uma revisão da literatura sobre o algoritmo CORDIC híbrido e a metodologia de conceção e preparar o terreno para a formulação do problema

ii. Chegar à especificação do projeto.

iii. Verificar o algoritmo utilizando o Modelsim e o Xilinx.

iv. Conceção de cada bloco da arquitetura utilizando HDL.

v. Verificação da funcionalidade de cada bloco através de um simulador.

vi. Estudar comparativamente o desempenho em termos de exatidão, tempo de execução e utilização de recursos entre o Radix-2 CORDIC e o Hybrid CORDIC.

vii. Implementar o projeto na FPGA disponível.

CAPÍTULO 3

FUNDAMENTOS DA CÓRDICA

3.1 ORIGEM

O algoritmo CORDIC foi inicialmente desenvolvido para ultrapassar o problema de navegação enfrentado pelo sistema analógico. O sistema analógico não consegue dar resultados corretos para o voo no Pólo Norte e também dar uma posição exacta na Terra. Este sistema de navegação analógico precisa de ser substituído no bombardeiro B-58. Por conseguinte, o algoritmo CORDIC foi desenvolvido para fornecer uma solução em tempo real ao bombardeiro B-58. No sistema de navegação, a precisão e a velocidade de cálculo são parâmetros importantes para calcular a posição exacta, pelo que a melhor forma de armazenar os valores trigonométricos numa tabela ROM é, devido ao seu enorme tamanho, uma solução inviável. Para ultrapassar este problema, em 1959, Jack E Volder desenvolveu o algoritmo CORDIC com rotação de vectores e um número reduzido de tabelas ROM. Este algoritmo é utilizado para substituir o sistema de navegação analógico. Mais tarde, este algoritmo foi utilizado para calcular funções matemáticas em calculadoras, em DSP, em robótica, multimédia, navegação e controlo por satélite, comunicação digital e outras tecnologias. Para ultrapassar as principais limitações, ou seja, velocidade, área, precisão e potência, são propostos vários algoritmos CORDIC diferentes. Nas aplicações em tempo real, é necessário um algoritmo CORDIC rápido, preciso e com menos componentes.

Fig 3.1: O bombardeiro supersónico B-58 em voo

3.2 Algoritmo CORDIC

3.2.1 O círculo unitário

Um vetor tem uma magnitude e uma direção, e um vetor unitário tem uma magnitude de comprimento unitário. Para definir o sistema de coordenadas utiliza-se normalmente o vetor unitário. .

As funções trigonométricas são definidas pelo círculo unitário sobre todos os números reais. Um vetor unitário que vai da origem (0,0) ao ponto (1,0) é definido como tendo um ângulo de rotação igual a zero. Todos os ângulos positivos são iguais a zero. Quando rodamos um vetor unitário no sentido dos ponteiros do relógio, formam-se ângulos positivos. Em contrapartida, se rodarmos um vetor unitário no sentido contrário ao dos ponteiros do relógio, formam-se ângulos negativos.

A figura 3.2 mostra um vetor unitário com rotação em radianos, cuja cabeça intersecta a circunferência unitária no ponto (x,y). Usando o vetor unitário como hipotenusa, podemos construir um triângulo retângulo dentro da circunferência unitária. O cosseno de um ângulo é definido como a rotação do lado oposto à hipotenusa, enquanto o seno de um ângulo é definido como a rotação do lado oposto à hipotenusa. Como a hipotenusa deste triângulo retângulo é um vetor unitário, o comprimento da hipotenusa é um.

cos(Θ)=adjacent/hypotenuse=adjacent/1=adjacent (3.1)

sin(Θ)=opposite /hypotenuse =opposite/1= opposite (3.2)

A partir de (3.1) e (3.2), o cosseno de um ângulo arbitrário é o comprimento do lado adjacente, enquanto o do seno é o comprimento do lado oposto. Como o vetor unitário intersecta a circunferência unitária em (x,y), portanto **cos(Θ))=x e sin(Θ) =y.**

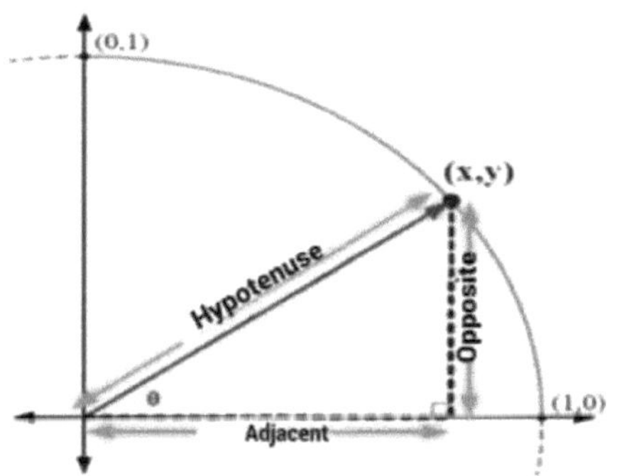

Fig.3.2 O círculo unitário

3.2.2 Cálculo por rotação

(Θ)Como mostra a figura 2.3, utilizando o vetor unitário e o círculo unitário, a equação para a rotação pode ser formada. Se considerarmos que a rotação inicial do vetor unitário é α, então a extremidade traseira da unidade está posicionada na origem, enquanto a extremidade dianteira do vetor unitário está no ponto em (x_i, y_i).(Θ)

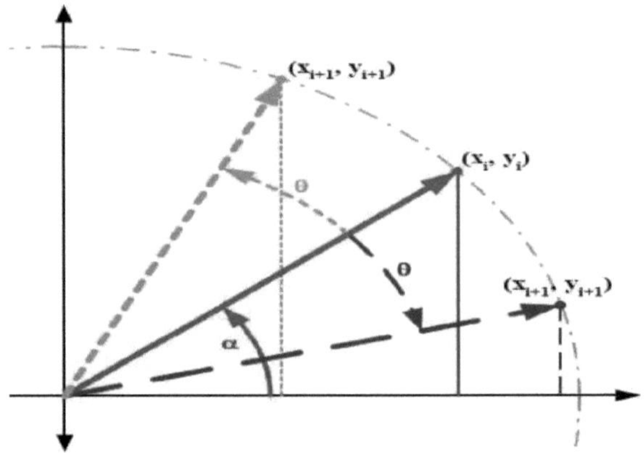

Figura 3.3 - *Rotação do vetor unitário genérico*

$$\cos(\alpha)=x_i/1=xi \tag{3.3}$$

$$\sin(\alpha)=y_i/1=y_i \tag{3.4}$$

Agora, rodar o vetor unitário de modo a que xi e y_i se desloquem para a localização diferente do círculo unitário. O vetor unitário rodado na direção + ve o vetor é a soma dos ângulos Θ e a. Caso contrário, o vetor unitário é rodado na direção -ve a nova localização dexi &yi do vetor unitário será dada pela subtração do ângulo a .portanto a equação generalizada pode ser dada por

$$\cos(\alpha\pm\Theta)=x_{i+1}/1=x_{i+1} \tag{3.5}$$

$$\sin(\alpha\pm\Theta)=y_{i+1}/1=y_{i+1} \tag{3.6}$$

pela equação 3.3 e 3.4, a equação pode ainda ser modificada

$$x_{i+1}=\cos(\alpha\pm\Theta)=\cos(\alpha)\cos(\Theta)\pm\sin(\alpha)\sin(e) \tag{3.7}$$

$$y_{i+1}=\sin(\alpha\pm\Theta)=\cos(\alpha)\sin(\Theta)\pm\sin(\alpha)\cos(\Theta) \tag{3.8}$$

$$x_{i+1}=\cos(\alpha)x_i\pm\sin(\alpha)y_i. \tag{3.9}$$

$$y_{i+1}=\cos(\alpha)y_i\pm\sin(\alpha)y_i \tag{3.10}$$

$$\begin{matrix} xi+1 \\ yi+1 \end{matrix} = \begin{bmatrix} cos(\Theta) & \pm sin(\Theta) \\ \pm sin(\Theta) & cos(\Theta) \end{bmatrix} \begin{matrix} xi \\ yi \end{matrix} \tag{3.11}$$

A partir da equação anterior, para calcular a posição xi+1, yi+1 do vetor, são necessários os valores da posição antiga xi,yi e, com este valor, multiplicá-lo por sinθ, cosθ. Para calcular o seno e o cosseno, é necessário calcular o valor de sinθ e cosθ antes de efetuar qualquer cálculo, pelo que é necessário armazenar todos os valores em ROM. Mas armazenar dados enormes em ROM não é uma solução viável.

Assim, utilizando a rotação +ve e a rotação -ve, a extremidade principal do vetor pode ser colocada na sua posição correta xi+1, yi+1. A partir disto, pode concluir-se que rodando o vetor unitário na direção +ve ou -ve até que a sua extremidade principal termine na localização requerida. Assim, a partir desta lógica, um ângulo pode ser alcançado dividindo o ângulo dado por uma série de ângulos de rotação até que o vetor atinja o seu valor final. Como mostrado na figura 2.4, um ângulo Θ é alcançado por uma série de ângulos Θ1, Θ2, Θ3. Θ é obtido por adição ou subtração de ΘI, Θ2, Θ3 de modo a que o ângulo efetivo seja Θ. A partir daí, podemos encontrar o seno e o cosseno de Θ por séries de rotação do vetor unitário usando um conjunto limitado de ângulos Θ1 a Θnnow a equação 2-12 pode ser reescrita como Neste a principal coisa alcançada é uma enorme redução no storagetable de ROM que é muito menor e leva a implementar facilmente o algoritmo.

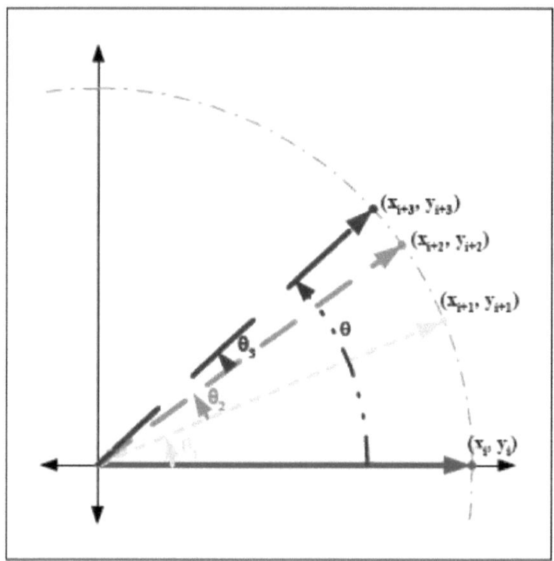

Figura 3.4 - Rotações de vectores de unidades múltiplas

$$\begin{matrix} xi+1 \\ yi+1 \end{matrix} = \begin{bmatrix} cos(\Theta) & \pm sin(\Theta) \\ \pm sin(\Theta) & cos(\Theta) \end{bmatrix} \begin{matrix} xi \\ yi \end{matrix} \cdots\cdots\cdots$$

$$\cdots\cdots\cdots \begin{matrix} xi+1 \\ yi+1 \end{matrix} = \begin{bmatrix} cos(\Theta) & \pm sin(\Theta) \\ \pm sin(\Theta) & cos(\Theta) \end{bmatrix} \begin{matrix} xi \\ yi \end{matrix} \qquad (3.13)$$

A partir da equação, verifica-se que para uma sub-rotação são necessárias 4 multiplicações e 2 adições. Por conseguinte, reorganizando a equação como indicado na equação, o número de operações é reduzido

$$\begin{matrix} xi+1 \\ yi+1 \end{matrix} = cos(\Theta_n)\begin{bmatrix} 1 & \pm tan(\Theta_n) \\ \pm tan\,(\Theta_n) & 1 \end{bmatrix}\begin{matrix} xi \\ yi \end{matrix}\cdots\cdots$$

$$\ldots cos(\Theta_n)\begin{bmatrix} 1 & \pm tan(\Theta_1) \\ \pm tan(\Theta_1) & 1 \end{bmatrix}\begin{matrix} xi \\ yi \end{matrix} \qquad (3.14)$$

3.2.3 Seleção do ângulo

Agora, o próximo problema é ver como as séries de ângulos de rotação são selecionadas de Θ1 a O, como mostrado na equação 2.13 xi, os termos yi são multiplicados por tanθ em cada rotação, de modo que o ângulo deve ser tal que reduza o cálculo. Agora, a potência de 2 é a única forma de aumentar a velocidade e facilitar o cálculo. A potência múltipla de 2 é obtida deslocando o número binário para a esquerda e para a direita. Escolhendo o ângulo Θ equivalente à potência de 2 e tomando a tangente inversa de cada lado, obtemos a equação 3.14

$$\Theta = \tan^{-1} 2^{x_n} \qquad (3.15)$$

$$\begin{matrix} xi+1 \\ yi+1 \end{matrix} = \cos(\tan^{-1} 2^{x_n})\begin{bmatrix} 1 & \pm 2^{x_n} \\ \pm 2^{x_n} & 1 \end{bmatrix}\begin{matrix} xi \\ yi \end{matrix}\cdots\cdots$$

$$\cdots\cdots\cdots \cos(\tan^{-1} 2^{x_1})\begin{bmatrix} 1 & \pm 2^{x_1} \\ \pm 2^{x_1} & 1 \end{bmatrix}\begin{matrix} xi \\ yi \end{matrix} \qquad (3.16)$$

Os ângulos são iniciados a partir de um ângulo maior para um ângulo mais pequeno, de modo a que um grau mais fino de rotação e uma rotação precisa possam ser modelados com o arco tangente com potência crescente, é difícil gerar ângulos mais pequenos necessários para modelar com precisão qualquer rotação, pelo que a potência decrescente de 2 deve ser utilizada na fórmula arctangente

3.2.4 Direção de rotação

De acordo com a equação 2.15, o vetor unitário pode rodar no sentido +ve ou -ve. Na equação, ± e -+ são utilizados para determinar o sentido de rotação. Neste caso, é necessária uma variável que indique o sentido de rotação. Para isso, utiliza-se σι para indicar o sinal do ângulo atual. A rotação é feita no sentido positivo quando o ângulo é negativo. E a rotação é -ve quando o ângulo é +ve. O valor de σΐ é dado por {-1, 0, +1}

$$\begin{matrix} xi+1 \\ yi+1 \end{matrix} = \cos(\tan^{-1} 2^{x_n}) \begin{bmatrix} 1 & \pm\sigma_n 2^{x_n} \\ \pm\sigma_n 2^{x_n} & 1 \end{bmatrix} \begin{matrix} xi \\ yi \end{matrix} \cdots\cdots$$

$$\cdots\cdots\cos(\tan^{-1} 2^{x_1}) \begin{bmatrix} 1 & \pm\sigma_1 2^{x_1}) \\ \pm\sigma_1 2^{x_1} & 1 \end{bmatrix} \begin{matrix} xi \\ yi \end{matrix} \quad (3.17)$$

3.2.5 Fator de escala

Tomando o termo ***cos(tan ' 2^x)*** como constante, este termo pode ser substituído pela constante Ki, a equação reduz-se a

$$\begin{matrix} xi+1 \\ yi+1 \end{matrix} K_n \cdots\cdots K_1 \begin{bmatrix} 1 & \pm\sigma_n 2^{x_n} \\ \pm\sigma_n 2^{x_n} & 1 \end{bmatrix} \begin{matrix} xi \\ yi \end{matrix}$$

$$\cdots\cdots\cos(\tan^{-1} 2^{x_1}) \begin{bmatrix} 1 & \pm\sigma_1 2^{x_1}) \\ \pm\sigma_1 2^{x_1} & 1 \end{bmatrix} \begin{matrix} xi \\ yi \end{matrix} \quad (3.18)$$

Aqui, os ângulos são fixos, pelo que o termo Ki é um valor constante, sendo conhecido como fator de escala. Como o fator de escala é um valor constante, as variáveis x e y podem ser inicializadas com uma pré-escala de 1/K. Quando todas as itrrações estão acima do intervalo de saída, a saída está correta e não são necessários mais cálculos.

$$K=K_0 K_1 \ldots\ldots\ldots\ldots K_{n-2} K_{n-1} \quad (3.19)$$

3.2.6 Equações que utilizam o CORDIC em modo de rotação

$$X_{i+1}=X_i-d_iY_i2^{-i} \qquad X_n=K(X_0\cos\Theta_0-Y_0\sin\Theta_0) \qquad (3.20)$$

$$Y_{i+1}=Y_i-d_iX_i2^{-I} \qquad X_n=K(X_0\cos\Theta_0-Y_0\sin\Theta_0) \qquad (3.21)$$

$$Z_{i+1}=Z_i-d_i\alpha_i \qquad Z_n=0 \qquad (3.22)$$

Para a convergência de θnpara 0, selecionar di=sign zi

Começamos com X0=1/K e Y0=0, no final do processo, encontramos xn=cosz0 e yn=sinz0

3.2.8 Utilização do CORDIC em modo de vectorização

$$X_{i+1}=X_i-d_iY_i2^{-i} \qquad X_n=K\sqrt{x^2+y^2} \qquad (3.23)$$

$$Y_{i+1}=Y_i-d_iX_i2^{-i} \qquad Y_n=0 \qquad (3.24)$$

$$Z_{i+1}=Z_i-d_i\alpha_i \qquad Z_n=Z_0+\tan^{-1} y_0/x_0 \qquad (3.25)$$

Para convegência de Yn para 0.escolher di=sign(xi/yi)

Se começarmos com X0=1 e Z0=0, encontramos Zn=tan $^1 y_0$

Mode	Rotation	Vectoring
	$d_i = \mathrm{sgn}(z_i), \quad z \to 0$	$d_i = -\mathrm{sgn}(x_i y_i), \quad y \to 0$
Circular $\mu = 1$ $\alpha_i = \tan^{-1} 2^{-i}$	x, y, z → CORDIC → $K(x\cos z - y\sin z)$, $K(y\cos z + x\sin z)$, 0	x, y, z → CORDIC → $K\sqrt{x^2+y^2}$, 0, $z + \tan^{-1}(y/x)$
Linear $\mu = 0$ $\alpha_i = 2^{-i}$	x, y, z → CORDIC → x, $y + xz$, 0	x, y, z → CORDIC → x, 0, $z + y/x$
Hyperbolic $\mu = -1$ $\alpha_i = \tanh^{-1} 2^{-i}$	x, y, z → CORDIC → $K'(x\cosh z - y\sinh z)$, $K'(y\cosh z + x\sinh z)$, 0	x, y, z → CORDIC → $K\sqrt{x^2-y^2}$, 0, $z + \tanh^{-1}(y/x)$

3.9 Um exemplo numérico

Como exemplo, vejamos como calcular o seno e o cosseno de 70 ° com $n = 12$ iterações utilizando CORDIC. A tabela seguinte mostra como o conjunto de expressões das Equações 2.22, 2.23 e 2.24 é avaliado para este exemplo

Iteração(i)	σi	*xlil*	$y^{[i]}$	$z^{[i]}$
-	-	1	0	70°
0	1	1	1	25°
1	1	0.5	1.5	-1.5651°
2	-1	0.875	1.375	12.4711°
3	1	0.7031	1.4844	5.3461°
4	1	.6103	1.5283	1.7698°
5	1	0.5625	1.5474	-0.0201°
6	-1	0.5867	1.5386	0.8751°
7	1	0.5747	1.5432	0.4275°
8	1	0.5687	1.5454	0.2037°
9	1	0.5657	1.5465	0.0918°

10	1	0.5642	1.5471	0.0358°
11	1	0.5634	1.5474	0.0078°
11	1	0.5630	1.5475	-0.0062°

Tabela: 1.5 Iteração para calcular o seno e o cosseno de 70°.

XR=0.6072x0.563=0.3419

Este valor é igual a

***Cos* (70°)=0,342**

YR=0.6072x1.5475=0.9396

Que é uma aproximação de

***Sin*(70°)=0,9397**

3.3 Tipos de algoritmo CORDIC

O algoritmo CORDIC para o cálculo dos valores de seno e cosseno é de três tipos. Cada um dos tipos tem as suas próprias vantagens e desvantagens.

1 . Sequencial / iterativo

2 . Paralelo / em cascata

3 . Conduzido por pipelines.

4 . Algoritmo híbrido CORDIC.

5 Aritmética redundante baseada em CORDI C.

6 .DCORDIC.

7 .3.1 CORDIC sequencial / iterativo:

Neste tipo de CORDIC, uma única iteração tem lugar num ciclo de relógio. A estrutura básica de hardware do algoritmo CORDIC sequencial é a seguinte

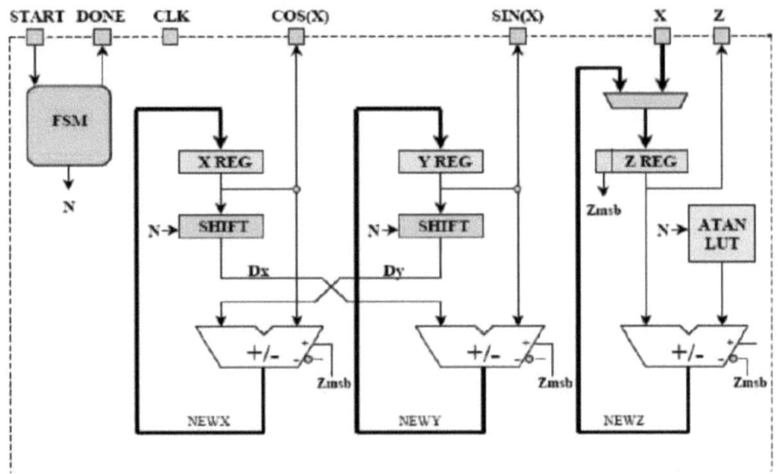

Fig.3.5 Estrutura CORDIC sequencial / iterativa

8 .3.2 Algoritmo CORDIC Radix-4 redundante

No algoritmo **Radix-4** CORDIC, a velocidade aumenta à medida que o número de iterações diminui. As equações de iteração para o algoritmo Radix-4 CORDIC são dadas a seguir, em vez de p 2 no algoritmo Radix -2, p 4

$$x_{i+1}= x_i-\sigma_i 4^{-i} y_i; \quad (3.26)$$

$$y_{i+1}= \sigma_i 4^{-i} x_i+y_i; \quad (3.27)$$

$$w_{i+1}=w_i-\tan^{-1}(\sigma_i \ 4^{-i}) \quad (3.28)$$

Onde o^e {-2,-1,0,1,2}. O valor *de K* é (1, 2.52) para radix-4 CORDIC. Com base em w_i A direção de rotação é calculada. O número de iterações para radix-2 CORDIC pode ser reduzido para metade com o algoritmo Radix-4 CORDIC.

9 .3.3 DCORDIC

O algoritmo DCORDIC converte a equação CORDIC convencional numa iteração fixa parcial, pelo que utiliza técnicas de pipelining de alta velocidade de nível de bits. A equação é dada a seguir

$$|\hat{Z}_{i+1}= ||\hat{Z}_i|-a_i| \quad (3.29)$$

$$x_{i+1}=x_i-\mathrm{sign}(z_i)2^{-i}y_i; \quad (3.30)$$

$$y_{i+1}=\mathrm{sign}\ (z_i)2^{-i}x_i+y_i; \quad (3.31)$$

A partir desta equação, pode concluir-se que, para o cálculo de x e y, é necessário o sinal de zi, ao passo que o acumulador de ângulos necessita apenas do valor absoluto de z, utilizando o sinal inicial de zo e o valor real de zi(oi)

é encontrado e com este sinal muda durante o valor absoluto de > é fornecido .

Aqui o cálculo depende principalmente do nível de bits em vez do nível de palavras, pelo que a velocidade também é elevada.

10 3.4 Em cadeia

A arquitetura paralela pode ser facilmente canalizada através da inserção de registos entre cada passo da iteração. Em

Nas arquitecturas FPGA existem registos em cada célula lógica, pelo que a adição de registos em conduta não tem custos de hardware adicionais. As vantagens da conceção em pipeline são o facto de os novos dados poderem

iniciar o processamento antes de os dados anteriores terem terminado. Os pipelines são utilizados em todos os dispositivos de desempenho muito elevado. A figura 3 mostra a arquitetura em pipelines

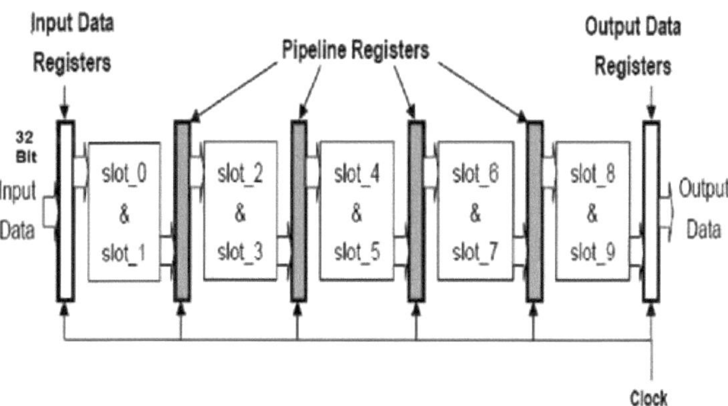

Fig.3.6 Estrutura CORDIC em pipeline

11 3.5 Algoritmos CORDIC paralelos

O CORDIC é um algoritmo iterativo que tem os mesmos componentes em cada passo da pseudo-rotação: três somadores algébricos, dois deslocadores, um inversor e uma LUT contendo o valor de ai. A arquitetura paralela, mostrada na Figura 3.7, resulta em duas simplificações significativas. Em primeiro lugar, cada um dos deslocadores tem um deslocamento fixo, o que significa que podem ser implementados por ligação eléctrica. Em segundo lugar, os valores de pesquisa para o acumulador de ângulos são distribuídos como constantes para cada somador na cadeia de acumuladores de ângulos. Essas constantes podem ser ligadas por cabo em vez de utilizar espaço de armazenamento. A necessidade de registos também é eliminada, tornando o processador desenrolado estritamente combinatório. No entanto, para medir a frequência de funcionamento da arquitetura, foi adicionado um registo tanto à entrada como à saída do circuito

12 3.6 Algoritmo híbrido CORDIC

No processo CORDIC de ponto fixo de n bits, n/3 iterações podem ser calculadas sequencialmente e as restantes 2n/3 iterações podem ser calculadas em paralelo sem afetar a precisão, de acordo com a equação seguinte

$$\lim_{k\to\infty} \frac{\tan 2^{-k}}{2^{-k}} = 1. \tag{3.32}$$

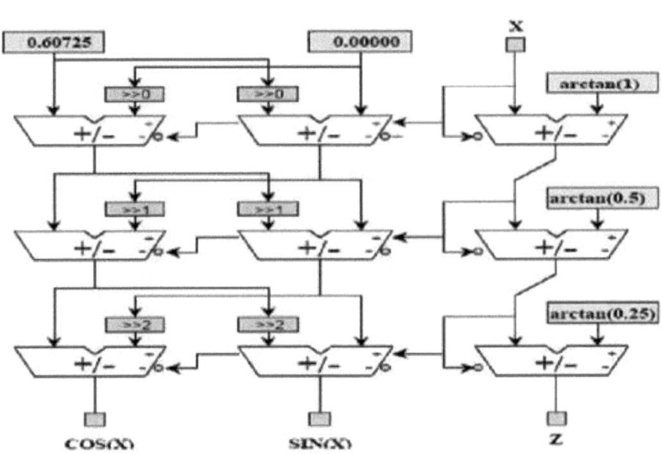

Fig.3.7 Estrutura CORDIC paralela / em cascata .

Isto pode aumentar a velocidade de cálculo. O ângulo dado Θ pode ser dividido em duas partes e utiliza dois processadores para calcular o respetivo ângulo.

1) Híbrido misto CORDIC

2) CORDIC híbrido particionado

3.3.7 CORDIC baseado em aritmética redundante

O problema das implementações CORDIC convencionais, baseadas em somadores ou subtractores de transporte de ondulação, é o atraso de propagação do transporte interno. Para aumentar o desempenho do CORDIC, foi proposta uma aritmética redundante. Esta aritmética, devido à sua propriedade livre de transporte, evita a propagação de transporte do

LSB para o MSB. É impossível encontrar o sinal de um número redundante sem observar todos os dígitos que dependem da propagação do MSB para o LSB. Por conseguinte, os critérios de decisão são adoptados em função do MSB. Uma vez que nem todos os dígitos são examinados, existe a probabilidade de o sinal não ser encontrado. Nesse caso, ou o conjunto de dígitos {-1, 0, *1}* pode ser considerado como conduzindo a um fator de escala não constante ou uma rotação arbitrária tem de ser completada. No primeiro caso, o fator de escala tem de ser calculado em paralelo com as iterações CORDIC, enquanto uma rotação mal selecionada exige uma compensação para garantir a convergência.

3.3.8 Método de recodificação angular

A abordagem de recodificação de ângulos sugerida por Hu e Naganathan remove as pseudo-rotações divergentes e faz todos os esforços para convergir para o alvo final que trará o ângulo residual (Zi) mais próximo de 0 é escolhido a partir do conjunto de constantes angulares disponíveis. Por exemplo, rotação de 25 graus.

Q= {45^0, 26.565^0 , 14.036^0 ,7.125^0 ,3.576^0 ,1.79^0, 0.895^0, 0.448^0,0.2238^0}

No método CORDIC original, a rotação de 25 graus é efectuada através da seguinte sequência de passos angulares ou pseudo-rotações, que somam aproximadamente 25 graus,

25^0= {+45^0 - 26.565^0 + 14.036^0 - 7.125^0 - 3.576^0 +1.79^0 + 0.895^0 + 0.448^0 + 0.2238^0} = **25.1268^0.**

Mas no método de registo dos ângulos, a rotação através de 25° é dada por

25^0= (26.565^0 -1.79^0 + 0.2238^0)

=24.9988^0.

Do que precede, pode concluir-se que o número de iterações é reduzido em mais de 50 %. Mas, neste caso, a seleção da constante angular é muito difícil.

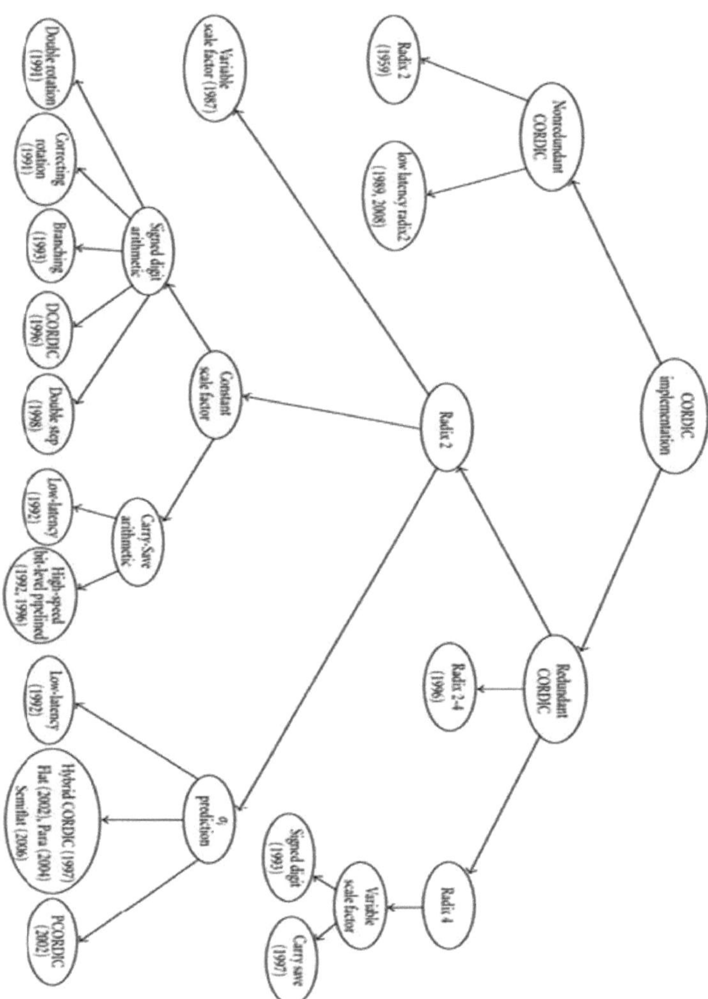

Figura 3.8 Taxonomia do algoritmo CORDIC

3.4 Aplicação do CORDIC

As arquitecturas baseadas no CORDIC têm aplicação em vários domínios, tais como

3.4.1 Cálculo de matrizes

1) Decomposição QR

A decomposição QR de uma matriz pode ser efectuada através da rotação de Givens que introduz seletivamente zeros na matriz. A rotação de Givens é uma transformação ortogonal da forma onde e A decomposição QR requer dois tipos de operações iterativas para obter uma matriz uppertriangular usando transformações ortogonais. São elas: (i) calcular o ângulo de rotação de Givens, e (ii) aplicar o ângulo de rotação calculado ao resto das linhas. O CORDIC de coordenadas circulares é uma boa escolha para implementar estas duas rotações de Givens, em que a primeira operação é efectuada por um CORDIC VM e a segunda por um CORDIC RM

*2) **Decomposição do valor singular e estimativa do valor próprio:*** A decomposição do valor singular de uma matriz é dada por onde e são matrizes ortogonais e é uma matriz diagonal de valores singulares. Para a implementação da SVD baseada no CORDIC, esta é decomposta em 2 2 problemas de SVD e resolvida iterativamente. Para resolver cada problema de SVD 2 2, aplica-se a rotação de Givens de dois lados a cada uma das matrizes 2 2 para anular os elementos fora da diagonal

3.4.2 CORDIC para gráficos 3-D

Os gráficos 3D têm imensos requisitos computacionais para aplicações multimédia. As operações 3D são de natureza geométrica, pelo que é fácil exprimi-las utilizando primitivas do tipo CORDIC. Embora o CORDIC seja simples e fácil de implementar. As CORDIC são os blocos de construção básicos das operações de transformação geométrica 3D.

3.4.3 Aplicações do CORDIC à robótica

O CORDIC também tem sido aplicado ao controlo de robôs, em que os circuitos CORDIC são utilizados como unidade funcional de um co-processador de CPU. Outra aplicação do CORDIC é a cinemática de manipuladores redundantes e a deteção de colisões. O problema da deteção de colisões é formulado como um problema que envolve um certo número de transformações de coordenadas. Os elementos de processamento baseados em CORDIC são utilizados para efetuar eficazmente as transformações de coordenadas através de operações de adição e deslocação

Dois dos principais problemas para os quais o CORDIC oferece soluções eficientes em termos de área e de consumo de energia são

1) Cinemática direta

2) Cinemática inversa de manipuladores robóticos em série.

3.4.4 Aplicações à comunicação

O algoritmo CORDIC pode ser utilizado para a implementação eficiente de vários módulos funcionais num sistema de comunicação digital. O RM-CORDIC gera sinais mistos, ao passo que o VM-CORDIC permite estimar os parâmetros de fase e frequência. Apresentamos brevemente algumas das aplicações de comunicação mais importantes.

*1) **Síntese digital direta**:* Neste caso, as formas de onda sinusoidais são geradas diretamente no domínio digital. Consiste num acumulador de fase e num conversor de fase para forma de onda, como se mostra na fig.3.9

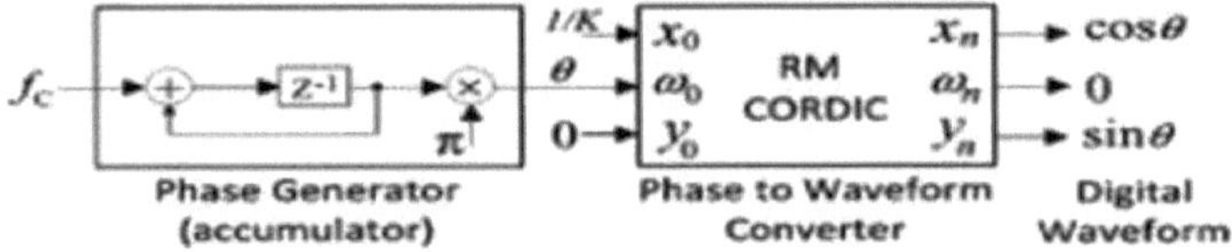

FIG 3.9 Sintetizador digital baseado em CORDIC

2) Modulação analógica e digital:

Como se mostra na fig.3.10, utiliza RM CORDIC para a modulação digital. Consiste numa unidade de geração de fase e RM CORDIC. A unidade de geração de fase é alterada para gerar a fase de acordo com a portadora normalizada e as frequências de modulação.

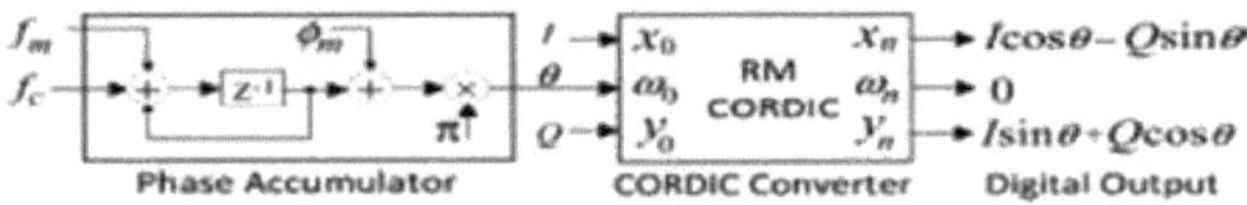

Fig 3.10 Modulação digital utilizando RM -CORDIC

3.4.5 Aplicações de processamento de sinal e de imagem

As técnicas CORDIC têm uma vasta gama de aplicações DSP, incluindo a filtragem fixa/adaptativa e o cálculo de transformadas sinusoidais discretas, como a DFT, a transformada discreta de Hartley (DHT), a transformada discreta de cosseno (DCT), a transformada discreta de seno (DST) e a transformada de chirp (CZT)

3.4.6 Aplicações multimédia

O multimédia consiste em dados como mensagens, imagens, vídeos, áudio, como fonte de informação. A largura de banda é a principal limitação na transferência de dados multimédia, pelo que é necessário modificá-la antes de colocar os dados no canal para compressão e modificação e conversão em formatos diferentes, pelo que são necessárias algumas funções cosseno, pelo que podemos utilizar os algoritmos CORDIC.

3.4.7Aplicação aeroespacial

O algoritmo CORDIC foi originalmente desenvolvido para fins de navegação. Após a invenção do algoritmo CORDIC, os computadores analógicos foram substituídos por estes computadores digitais B- 53 Bomber. Para encontrar a posição exacta da Terra e para fins de navegação, são necessários valores mais precisos. No GPS, na navegação por satélite, na aplicação militar para encontrar e destruir a posição do inimigo através de mísseis, os drones requerem valores exactos de coordenadas e ângulos. Em todas estas aplicações, podemos utilizar os algoritmos CORDIC.

CAPÍTULO 4

Metodologia

4.1 UM ALGORITMO CORDIC COM UMA ESTRATÉGIA DE ROTAÇÃO MELHORADA

Para ultrapassar as dificuldades acima mencionadas, é proposta nesta tese uma estratégia de rotação melhorada. A função de rotação convencional é dividida em duas funções de rotação, a função de rotação grosseira e a função de rotação precisa, como ilustrado na Fig. 4.1

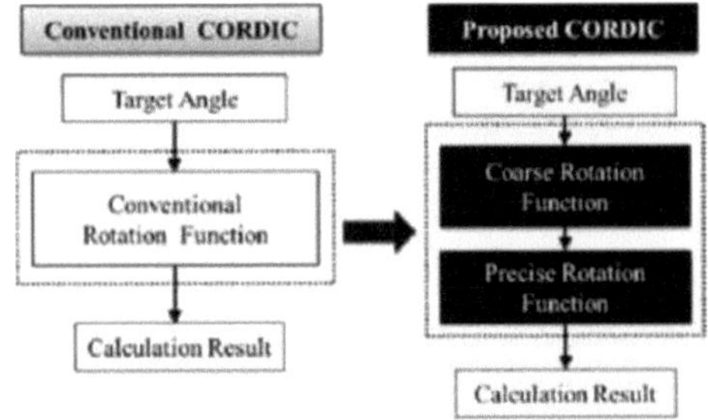

Fig. 4.1 Estratégia de rotação proposta

- É efectuada uma pesquisa bibliográfica para obter uma arquitetura eficiente.
- A validação do algoritmo é efectuada
- Cada bloco da arquitetura é concebido utilizando VERILOG.
- A verificação da função de cada bloco é efectuada utilizando o XLLINX ISE 14.7
- A lógica de transferência de registos (RTL) foi sintetizada utilizando o XLINX ISE 14.7
- A arquitetura é implementada na FPGA XC3S400-4PQ208 da XILINX

4.2 Recursos

Recursos informáticos

- PC com 4 GB de RAM, processador I5

Recursos de software

1) MATLAB
2) XILINX ISE 14.7
3) Modelosim.

Recursos de hardware

- XILINX FPGA XC3S400-4pq208
- Literatura
- Artigos de revistas e conferências, sítio Web e livros.

CAPÍTULO 5

CONCEPÇÃO DE UMA ARQUITECTURA CORDIC HÍBRIDA

5.1 OS ALGORITMOS CORDICAIS HÍBRIDOS

No algoritmo CORDIC, um ângulo arbitrário é representado por um conjunto de ângulos constantes *{a¿}* em vez de um radix normal, que actua como um radix. Por isso, podemos escolher outro conjunto para representar o mesmo ângulo, tal como fazemos para representar números com diferentes radicais. O ângulo inicial Θ é representado por um conjunto de constantes arctangentes, chamado Arc Tangent Radix (ATR).

Para as coordenadas circulares, o conjunto de radix é:

$$\{\alpha_1, \alpha_2, \ldots, \ldots \alpha_{N-1}\} = \{\arctan 2^0, \arctan 2^{-1}, \ldots, \arctan 2^{-N-1}\} \quad (5.1)$$

O que satisfaz o teorema de convergência CORDIC.

$$\alpha_I - \sum_{J=i+1}^{N-1} \alpha_j < \alpha_{N-1} \quad (5.2)$$

Para obter o valor real de o "¿, são efectuadas operações sequenciais. Todas as iterações anteriores têm de ser calculadas antes de se determinar o valor correto de o "¿ para qualquer *i*, pelo que existem principalmente duas restrições na paralização.

1) Geração do sentido de rotação.
2) Aplicação da rotação computorizada.

Esta aplicação de rotação computacional não pode ser totalmente paralizada porque cada rotação tem de ser aplicada ao vetor obtido pela última rotação. No entanto, a paralização parcial pode ser feita combinando dois CORDIC no mesmo ciclo, sacrificando a precisão. O erro é elevado quando combinamos um maior número de iterações CORDIC convencionais. E não é possível obter um paralelismo total sem gerar erros na direção de rotação.

5.2 Os Conjuntos de Radix Híbridos

Os valores do arco circular tangente radix aproximam-se progressivamente dos coeficientes radix-2 para valores crescentes da iteração CORDIC

$$\lim_{k \to \infty} \frac{\tan 2^{-k}}{2^{-k}} = 1. \quad (5.3)$$

Tabela No.5.1 Valores de Radix-2 e Arctangentes.

k	$\tan^{-1}(2^{-k})$ Ângulo em radianos	2^{-k}	Diferença
0	0.785398163	1	0.214601836
1	0.463647609	.5	0.03635239
2	.244978663	.25	0.005021336
3	.124354994	.125	0.000645005

4	0.06241881	0.0625	0.00008119
5	0.031239833	0.03125	0.000010167
6	0.015623728	0.015625	0.000001272
7	0.003906625	0.00390623	0.000000395
8	0.001953122	0.00195312	0.00000001
9	.0000976562	0.00097651	0.000000052
10	0.000488281	0.000488281	0.00
11	0.00024414	0.00024414	0.00

índice. De facto, as Figs. 1 e 2 comparam as ATRs circulares e as ATRs radix-2. Após as primeiras iterações, o erro é menor do que o cubo dos valores ATR radix-2. Se o índice de iteração *i* for suficientemente grande, o erro de assumir que os coeficientes em radix-2 são os mesmos que os ATR circulares é negligenciável na representação de precisão finita *de N bits*. Assim, se for adotado o radix-2 como conjunto de radix para a parte menos significativa das direcções de rotação, em vez das ATRs circulares, a parte menos significativa das direcções de rotação terá aproximadamente a mesma precisão que as ATRs convencionais correspondentes. Com base nesta observação, definimos o *Conjunto de Radix Híbrido-Misto*:

$$\{\overbrace{\arctan 2^{-0}, \arctan 2^{-1}, \cdots, \arctan 2^{-n+1}}^{\text{most significant part}}, \underbrace{2^{-n}, \cdots, 2^{-N+1}}_{\text{least significant}}\} \quad (5.4)$$

A ATR circular **híbrida** mista pode ser obtida combinando a parte mais significativa por convenção da ATR circular com a parte menos significativa da ATR. Este algoritmo é designado por algoritmo CORDIC híbrido-misto. A iteração CORDIC da parte mais significativa é executada utilizando o algoritmo para minimizar o erro; cada direção de rotação só pode ser determinada após a conclusão da iteração anterior; a parte significativa pode ser calculada no algoritmo linear para minimizar o erro. Cada direção de rotação só pode ser determinada com frequência após a conclusão da iteração anterior, a parte menos significativa pode ser calculada como no sistema de coordenadas lineares. Todas as direcções de rotação dependem dos bits correspondentes (0 ou 1), o que permite obter uma rotação positiva ou negativa. As rotações acima referidas são aplicadas sequencialmente sem erros. Neste caso, a iteração CORDIC mais significativa pode alterar o valor da parte menos significativa em comparação com o seu valor inicial de Θ. Devido a isso, a execução paralela da direção com a parte menos significativa deve completar a rotação da parte mais significativa.

Noutro método de CORDIC híbrido particionado, a parte mais significativa deve ser completamente separada da parte menos significativa.

$$\theta = \sum_{j=0}^{N-1} \theta_i 2^{-i} \qquad (5.5)$$

(sendo 0¡ os bits na representação binária de N bits)

$$\Theta_H = \sum_{j=0}^{n-1} \theta_i a 2^{-i} \qquad (5.6)$$

$$\theta_{L=} \sum_{j=0}^{N-1} \theta_i a 2^{-i} \qquad (5.7)$$

Onde $_{\Theta(H)}$ é representado pelos n bits mais significativos e 6_L é representado pelos restantes N-bits

$$\sigma_{n-1} = \frac{\theta_H}{\arctan 2^{-n+1}} = \frac{\sum_{i=0}^{n-1} \theta_i 2^{-i}}{\arctan 2^{-n+1}}. \qquad \textbf{(5.8)}$$

5.3 ARQUITECTURA CORDICAL HÍBRIDA.

No algoritmo CORDIC híbrido, a arquitetura consiste em duas unidades de cálculo CORDIC para cada anjo decomposto. Devido a este facto, a complexidade do circuito aumenta, mas o número de iterações necessárias é reduzido, diminuindo assim o tempo de espera.

Existem principalmente dois métodos de implementação do CORDIC híbrido. O primeiro é a arquitetura híbrida mista e o segundo é o algoritmo CORDIC híbrido particionado. No primeiro algoritmo CORDIC híbrido misto, o ângulo dado Θ é dividido em duas partes Θ_H e θ_L, de modo que $\theta=\theta_H+\theta_L$. Aqui, Θ_H é o conjunto mais importante, enquanto θ_L é utilizado para afinar o resultado. No ângulo inicial Θ e X_O,Y_O é alimentado para a unidade 1, como mostrado na fig 5.1 a unidade1 leva até n iterações até que a parte mais significativa de Zn se torne zero e dá os valores de saída como Zn, X_n,, Yn , Depois disso, tomando esses valores, a segunda unidade gera XN, YN levando N-n iterações

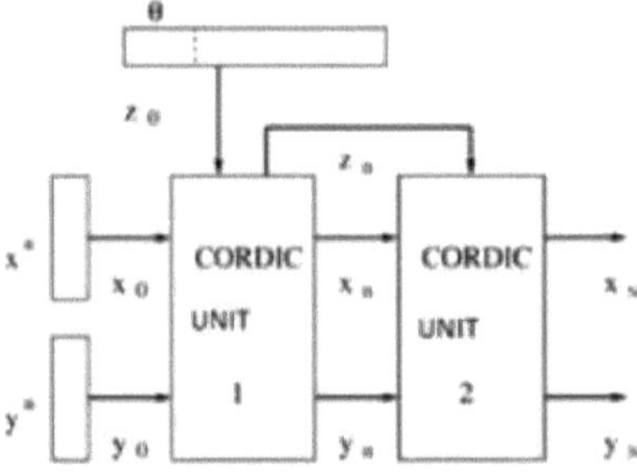

Fig. 5.1 Diagrama do algoritmo CORDIC híbrido misto.

No segundo CORDIC híbrido particionado também consiste em duas unidades, conforme mostrado na fig.5.2 Aqui, o ângulo dado Θ é dividido em duas partes. $Θ_H$ e $Θ_L$. A rotação $Θ_H$ em X* e Y* actua na primeira unidade e obtêm-se os valores x_n e y_n. Estes valores são aplicados à segunda unidade e obtêm-se os valores finais de X_n, Yn . As primeiras n iterações CORDIC são efectuadas na parte mais significativa da ATR pela primeira unidade. $Θ_H$ e $Θ_L$ são subângulos. $Θ_H$ representa os bits mais significativos do ângulo Θ, que é utilizado para o cálculo do arco emaranhado de potência 2. O $Θ_H$ é alimentado à unidade CORDIC 1, como se mostra na fig. 5.2 A unidade CORDIC 1 funciona da mesma forma que o CORDIC original, consiste em LUT que armazena os valores de í3η $^{-1}$ θ, a unidade CORDIC 1 pega o valor x_0, y_0 junto com $Θ_H$,por iteração calcula o valor x „, y „, que é o valor próximo do ângulo Θ. Para obter o valor exato juntamente com $Θ_L$. O valor de $Θ_L$ é obtido pelos bits menos significativos de Θ. A unidade CORDIC 2 não precisa de nenhuma LUT. Consiste em funções de adição e deslocamento, o cálculo é baseado nos bits de $Θ_L$... No nosso projeto, o ângulo de entrada de 32 bits binários é representado como se mostra abaixo.

Para funcionamento a 4 quadrantes

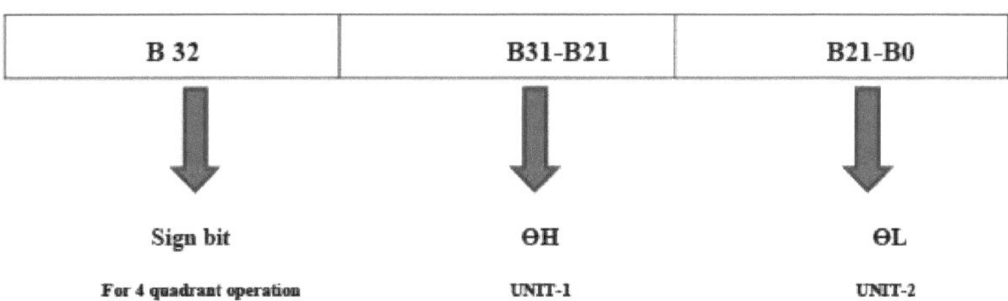

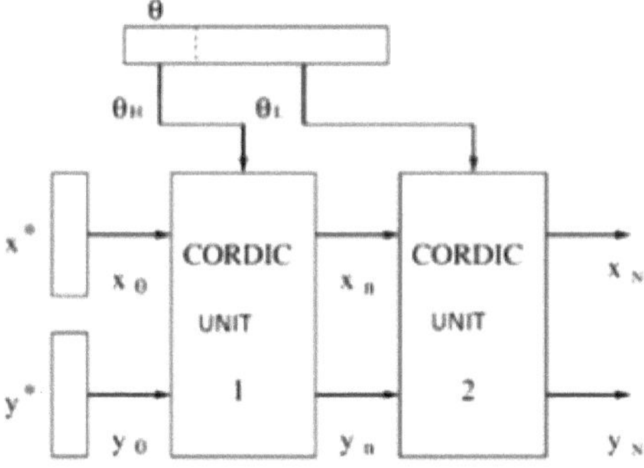

Fig. 5.2 Diagrama dos algoritmos CORDIC híbridos particionados.

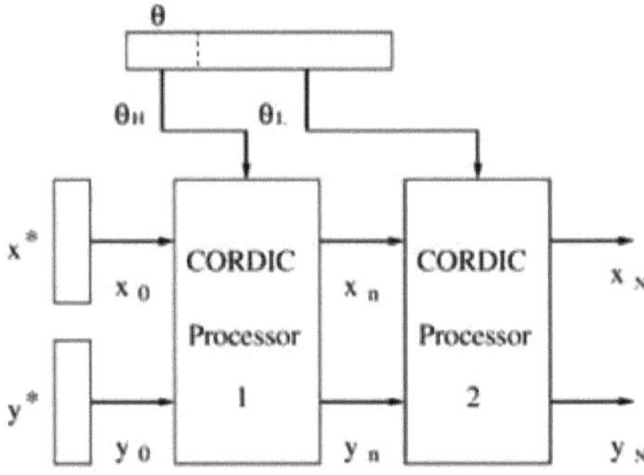

Fig. 5.2 A arquitetura dos algoritmos CORDIC híbridos particionados.

$$\theta_H = \sum_{j=0}^{p-1} \sigma_j tan^{-1}(2^{-j}), for \sigma_j \in \{-1, 1\} \tag{5.10}$$

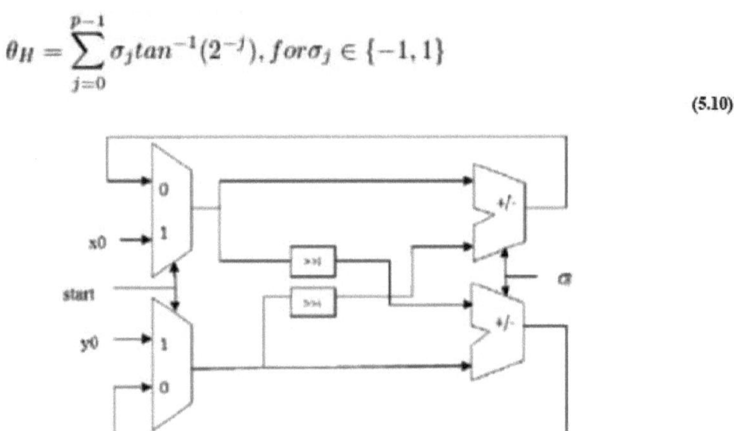

Fig.5.3 UNIDADE CORDIC 1

Na arquitetura CORDIC original, as iterações são mais necessárias e é necessário mais espaço para as LUT. No CORDIC híbrido, o ângulo é decomposto em ângulo fino e grosseiro e o cálculo do ângulo é efectuado utilizando a mesma arquitetura que a utilizada para a unidade CORDIC 1 da Fig. 5.3 (ou seja, segue a mesma *arquitetura* que a mostrada na Fig. 5.4). O CORDIC híbrido particionado ou simplesmente CORDIC híbrido requer duas unidades de cálculo CORDIC.

$$\theta_L = \sum_{i=p}^{n-1} d_i(2^{-i}), ford_i \in \{0, 1\} \tag{5.11}$$

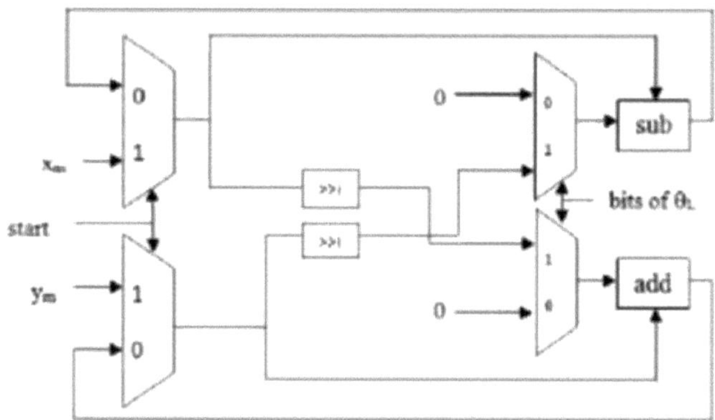

Fig. 5.4 Unidade CORDIC 2

CAPÍTULO 6

IMPLEMENTAÇÃO FPGA DA ARQUITECTURA HÍBRIDA CORDIC

ARQUITECTURA.

6.1 VERILOG

VERILOG É uma linguagem HDL utilizada para descrever um sistema digital, por exemplo, um comutador de rede, um microprocessador, uma memória ou um simples flip-flop. Isto significa apenas que, utilizando uma linguagem HDL, é possível descrever qualquer hardware (digital) a qualquer nível. É possível descrever uma simples porta AND, bem como um projeto complexo. Verilog é uma das linguagens HDL utilizadas para desenhar o hardware. Verilog permite-nos conceber um projeto digital ao nível do comportamento, ao nível da transferência de registos (RTL), ao nível da porta e ao nível do interrutor.

6.2 FPGA

O FPGA é um dispositivo semicondutor que pode ser configurado pelo projetista após a produção, daí o termo "programável no terreno". Os FPGAs (field programmable) são os benefícios do hardware e do software. Os FPGAs são programados com um código fonte em (HDL) para especificar o modo de funcionamento do chip. Podem ser programados para conceber qualquer função lógica que um ASIC possa comportar e também podem atualizar a funcionalidade depois de fabricados. Consiste em "blocos lógicos" e numa hierarquia de interligações reconfiguráveis que permitem que os blocos sejam "ligados entre si".

Realizam funções combinatórias complexas ou apenas portas lógicas simples. Os FPGAs consistem em blocos lógicos que possuem elementos de memória, que podem ser flip flops ou blocos de memória. Tal como o hardware informático, os FPGAs implementam cálculos espacialmente, computando simultaneamente milhões de operações em recursos distribuídos por uma pastilha de silício. Estes sistemas podem ser centenas de vezes mais rápidos do que as concepções baseadas em microprocessadores. No entanto, ao contrário do que acontece com os ASIC, estes cálculos são programados num chip e não permanentemente congelados pelo processo de fabrico. Isto significa que um sistema baseado em FPGA pode ser programado e reprogramado muitas vezes. Os FPGA estão a ser incorporados como elementos centrais de processamento em muitas aplicações, como eletrónica de consumo, automóvel, processamento de imagem/vídeo, militar/aeroespacial, estações de base, redes/comunicações, supercomputação e aplicações sem fios.

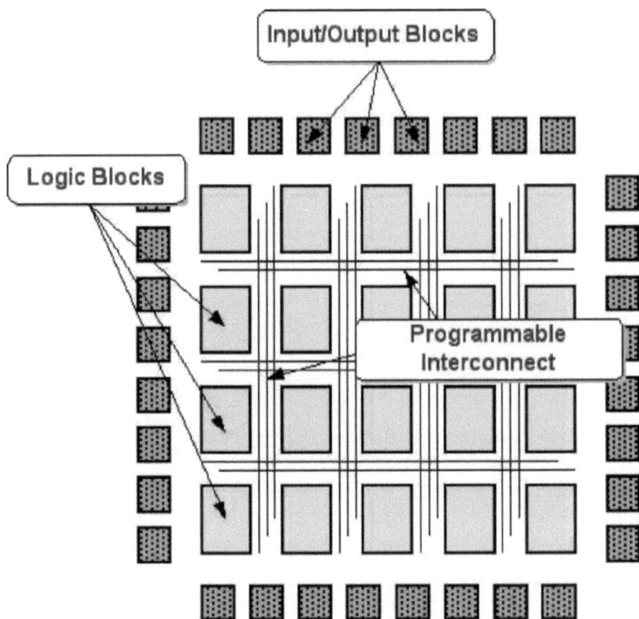

Fig.6.1 Arquitetura típica da FPGA

6.1 Tendências da tecnologia FPGA

A densidade dos dispositivos aumentou enormemente devido à tecnologia de processamento de fabrico muito pequeno.

As novas gerações de FPGAs podem ser capazes de implementar sistemas inteiros numa única pastilha. Para além da lógica programável principal, estão disponíveis funcionalidades como RAM, hardware aritmético dedicado, gestão de relógios e transceptores.

As FPGAs também estão disponíveis com os processadores incorporados (incorporados em silício ou como núcleos no tecido lógico programável).

6.2 Implementação FPGA

Atualmente, os fornecedores de FPGA fornecem um conjunto completo de ferramentas de conceção que permitem a síntese e a compilação automáticas a partir de especificações de conceção em linguagens de especificação de hardware, como Verilog. Um fluxo de projeto típico de um FPGA consiste nos passos e componentes seguintes, como se mostra na Fig. 6.2. As entradas para o fluxo de projeto consistem na especificação HDL do projeto, nas restrições de projeto e na especificação dos dispositivos FPGA alvo. As restrições de projeto consistem no funcionamento esperado

Implementação do algoritmo CORDIC rápido para frequências de aplicação incorporadas de diferentes relógios, os limites de atraso dos atrasos do percurso do sinal dos pads de entrada para os pads de saída (atraso de E/S), dos pads de entrada para os registos e dos registos para os pads de saída. Em alguns casos, os atrasos entre alguns pares específicos de registos podem ser limitados. O segundo componente de entrada do projeto é a escolha do dispositivo FPGA. Cada fornecedor de FPGA oferece normalmente uma vasta gama de dispositivos FPGA, com diferentes desempenhos, custos e compensações de potência.

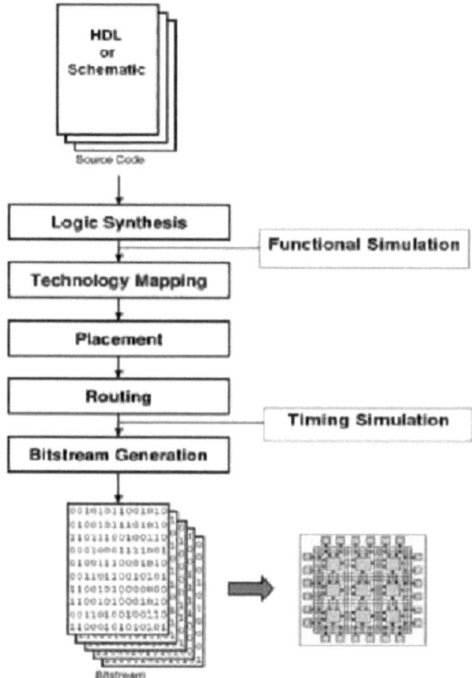

Fig.6.2 Fluxo do projeto FPGA

6.3 Introdução ao Xilinx ISE

O Xilinx Integrated Software Environment (ISE) é uma ferramenta de software desenvolvida pela Xilinx Corporation para a síntese e análise de projectos em Hardware Descriptive Language (HDL). Permite a síntese de projectos, a análise de temporização, a análise de diagramas de nível de transferência de registos (RTL) e a simulação em diferentes ambientes.

Especificações FPGA

A FPGA utilizada neste projeto tem as seguintes especificações

Fornecedor :Xilinx

Família :Spartan 3

Família :XC3S400

Embalagem :PQ208

Grau de velocidade:-4

Ferramenta de síntese: Verilog

Simulador: Xilinx ISE 14.7

Passos para trabalhar com a Xilinx 14.7 para implementar a FPGA

1. Clique no ícone Xilinx Project Navigator
2. Crie um projeto selecionando ficheiro->Novo projeto.
3. Clique em Seguinte

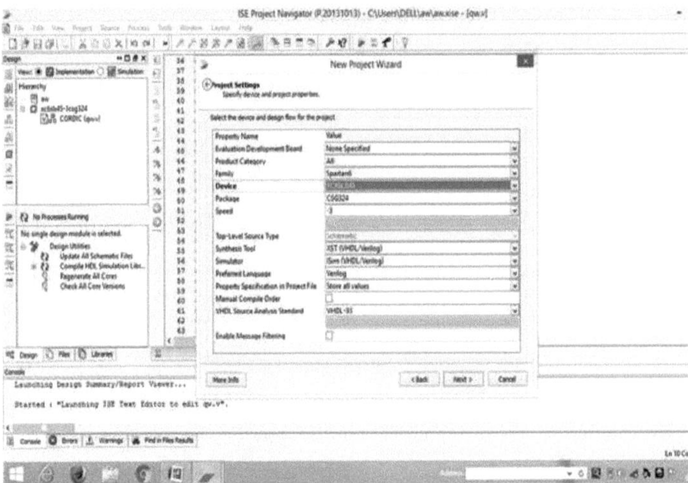

4. Selecione Spartan 3 como família e XC3S400 como dispositivo, e ISE como simulador
5. Clique em Seguinte, Criar nova fonte
6. No editor, digite o código, guarde o ficheiro e verifique a sintaxe. Se houver erros de sintaxe ou avisos, estes serão comunicados no ficheiro de registo.
7. Escreva o código Verilog e verifique se existem erros de sintaxe clicando no ícone de verificação da sintaxe.
8. Vá para os utilitários de desenho e faça duplo clique em criar símbolo esquemático, será criado um símbolo esquemático do código Verilog.

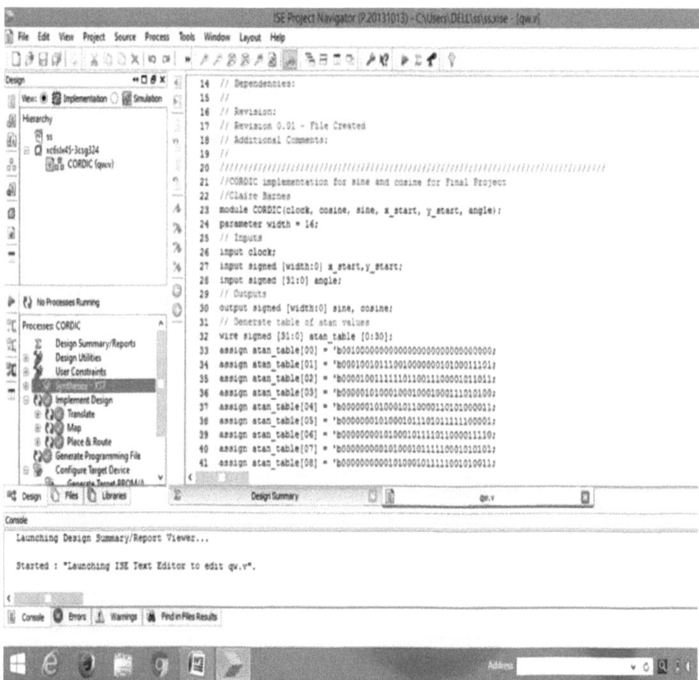

9. Clique com o botão direito do rato no dispositivo de destino, selecione "new source" (nova fonte) ou "create new source" (criar nova fonte) e, em seguida, selecione "schematic" (esquema), dê um nome ao esquema e clique em "next" (seguinte).

10. Será aberta uma janela esquemática, selecione o caminho do projeto, serão observados símbolos de criação. Arraste o símbolo para a janela esquemática, atribua entrada e saída ao esquema.

11. Selecionar o módulo, fazer duplo clique em synthesis XST, fazer duplo clique em Generate programmingfile, aparece uma janela e clicar com o botão direito do rato no ficheiro de impacto e clicar no ícone do programa para descarregar na FPGA.

6.4 Esquema RTL do CORDIC original

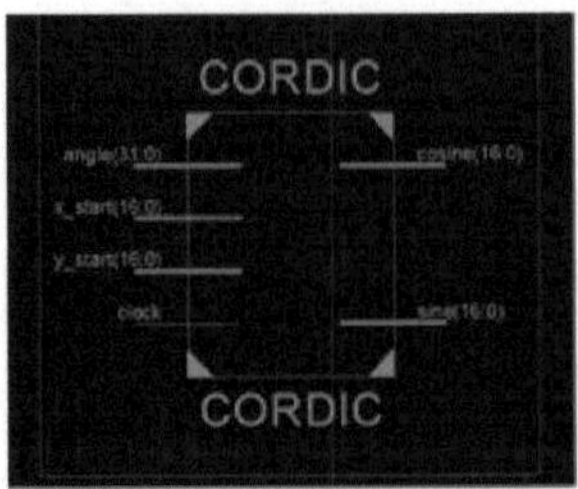

Fig 6.3 Esquema RTL de nível superior.

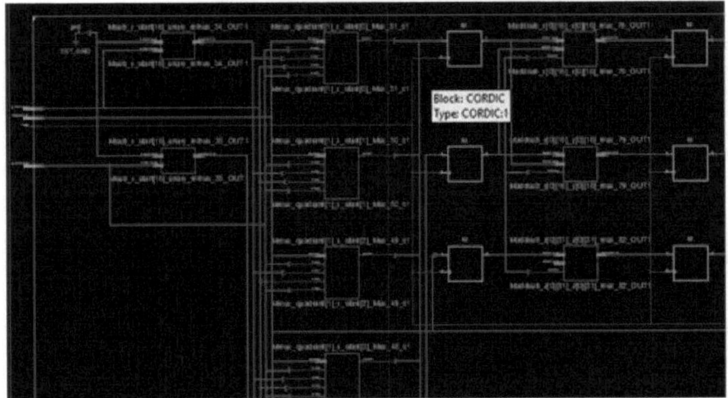

Fig 6.4 Esquema RTL do processador CORDIC original

6.5 Esquema RTL do CORDIC híbrido de bits.

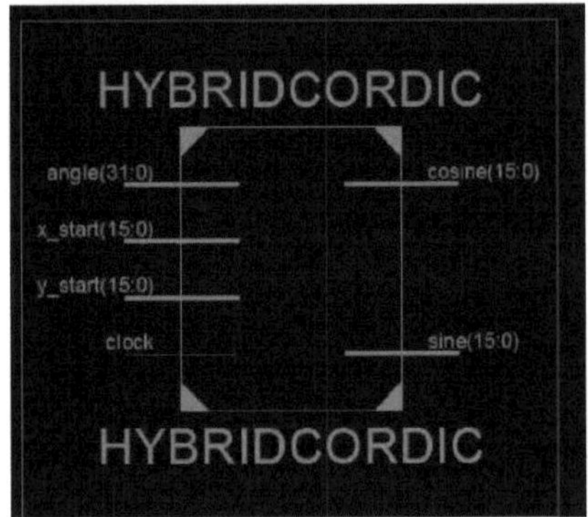

Fig 6.5 Esquema RTL de nível superior

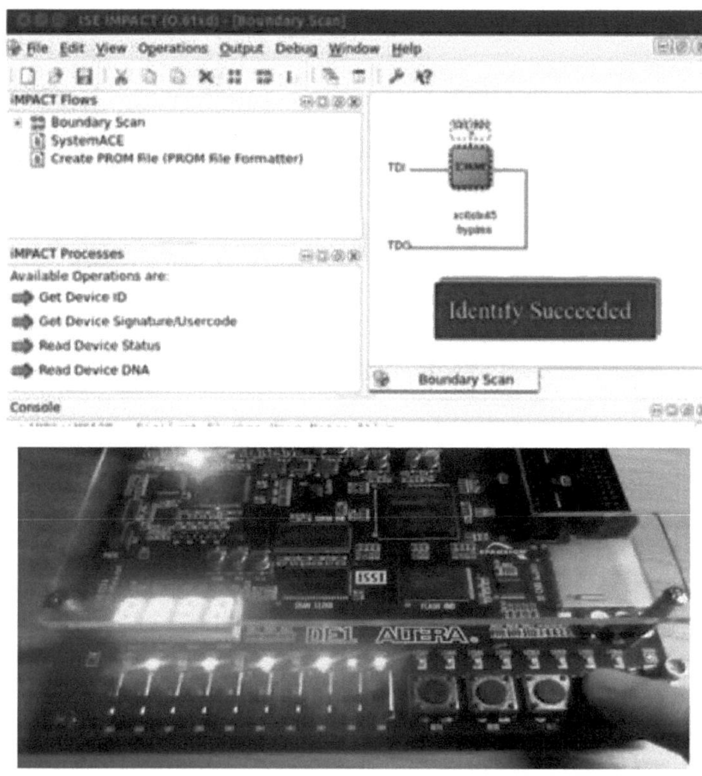

Fig. 6.6 CORDIC híbrido descarregado na FPGA

CAPÍTULO 7

7.1 RESULTADOS DA SIMULAÇÃO

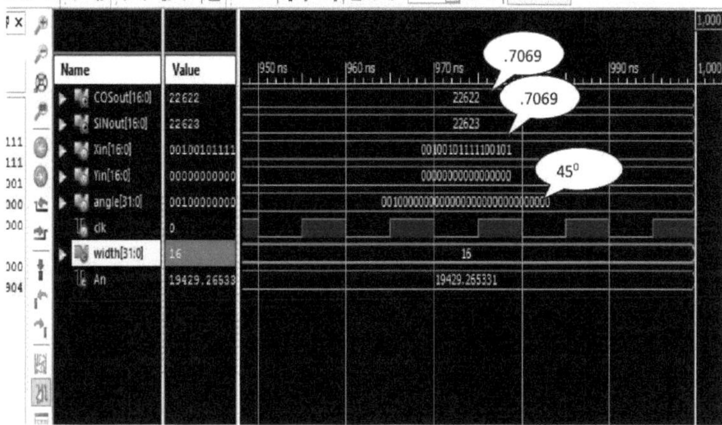

Fig:7.1 Resultado da simulação que calcula o cosseno e o seno para o ângulo 45°

qw Project Status (08/25/2017 - 17:07:57)			
Project File:	aw.xise	**Parser Errors:**	No Errors
Module Name:	CORDIC	**Implementation State:**	Synthesized
Target Device:	xc6slx45-3csg324	• **Errors:**	No Errors
Product Version:	ISE 14.7	• **Warnings:**	2 Warnings (2 new)
Design Goal:	Balanced	• **Routing Results:**	
Design Strategy:	Xilinx Default (unlocked)	• **Timing Constraints:**	
Environment:	System Settings	• **Final Timing Score:**	

Device Utilization Summary (estimated values)			
Logic Utilization	**Used**	**Available**	**Utilization**
Number of Slice Registers	979	54576	1%
Number of Slice LUTs	1024	27288	3%
Number of fully used LUT-FF pairs	953	1050	90%
Number of bonded IOBs	97	218	44%
Number of BUFG/BUFGCTRLs	1	16	6%

Detailed Reports					
Report Name	**Status**	**Generated**	**Errors**	**Warnings**	**Infos**
Synthesis Report	Current	Fri Aug 25 17:07:54 2017	0	2 Warnings (2 new)	16 Infos (16 new)

Tabela 7.1 Resumo da utilização do dispositivo.

Resumo da calendarização:

Grau de velocidade: -3

Período mínimo: 3.799ns (Frequência máxima: 263.201MHz)

Tempo mínimo de chegada da entrada antes do relógio: 3.830ns

Tempo máximo de saída necessário após o relógio: 3.597ns

Atraso máximo do percurso combinacional: Nenhum caminho encontrado

Detalhes do horário:

Todos os valores são apresentados em nanossegundos (ns)

Restrição de tempo: Análise do período por defeito para o relógio 'clock' Período do relógio: 3.799ns (frequência: 263.201MHz)

Número total de caminhos / portas de destino: 37991 / 915

Atraso:3.799ns (Níveis de lógica = 33)

Fonte: z_313 (FF)

Destino: z_314 (FF)

Relógio de origem: subida do relógioRelógio de destino: subida do relógio

gg Project Status (08/25/2017 - 16:42:08)			
Project File:	cv.xise	Parser Errors:	No Errors
Module Name:	CORDIC	Implementation State:	Synthesized
Target Device:	xc6slx45-3csg324	• Errors:	No Errors
Product Version:	ISE 14.7	• Warnings:	66 Warnings (66 new)
Design Goal:	Balanced	• Routing Results:	
Design Strategy:	Xilinx Default (unlocked)	• Timing Constraints:	
Environment:	System Settings	• Final Timing Score:	

Device Utilization Summary (estimated values)			[-]
Logic Utilization	Used	Available	Utilization
Number of Slice Registers	888	54576	1%
Number of Slice LUTs	958	27288	3%
Number of fully used LUT-FF pairs	874	972	89%
Number of bonded IOBs	76	218	34%
Number of BUFG/BUFGCTRLs	1	16	6%

Detailed Reports					[-]
Report Name	Status	Generated	Errors	Warnings	Infos
Synthesis Report	Current	Fri Aug 25 16:42:06 2017	0	66 Warnings (66 new)	21 Infos (21 new)

Tabela 7.2 Resumo da utilização de dispositivos do CORDIC híbrido.

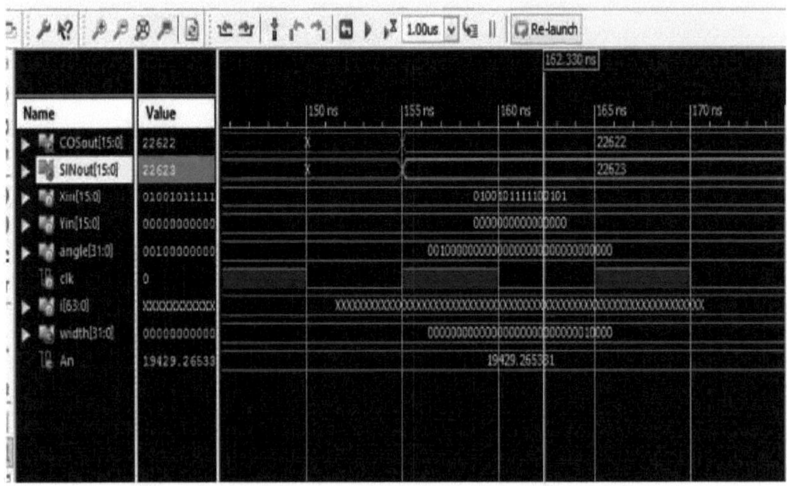

Fig:7.2 Resultado da simulação do HYBRID CORDIC para o ângulo 45°.

Resumo da calendarização:

Grau de velocidade: -3

Período mínimo: 3.786ns (Frequência máxima: 264.118MHz)

Tempo mínimo de chegada da entrada antes do relógio: 3.568ns

Tempo máximo de saída necessário após o relógio: 3.597ns

Atraso máximo do percurso combinacional: Nenhum caminho encontrado

Detalhes do horário:

Todos os valores são apresentados em nanossegundos (ns)

Restrição de tempo: Análise do período por defeito para o relógio 'clock' Período do relógio: 3.786ns (frequência: 264.118MHz)

Número total de caminhos / portas de destino: 33355 / 854

Atraso:3.786ns (Níveis de Lógica = 33)

Fonte: z_2912 (FF)

Destino: z<14>_31 (FF)

Source Clock: relógio crescente

Relógio de destino: relógio a subir

Quadro 7.3 Comparação entre o CORDIC original e o CORDIC HÍBRIDO

Resumo da utilização dos recursos				
	Híbrido CORDIC		CORDIC original	
	Total	Utilização	Total	utilização
Número de registos de corte	888	%1	979	1%
Número de LUTs de fatia	958	3%	1024	3%
Número de IOBs vinculados	76	89%	97	90%
Número de pares LUT+FF totalmente utilizados	874	34%	953	44%
Número de BufG/BUFGTRLs	1	6%	1	6%
RESUMO DO TEMPO				
Grau de velocidade	-3		-3	
Atraso	3.786ns		3.799ns	
Frequência	264.118MHz		263.201MHz	
Número total de trajectos / portas de destino:	33355 / 854		37991 / 915	
Tempo mínimo de chegada da entrada antes do relógio	3.830ns		3.568ns	
Tempo máximo de saída necessário após o relógio	3.597ns		3.597ns	

Tabela 7.4 Comparação entre os valores simulados e os valores computacionais.

Ângulo em graus	*Valor calculado*		*CORDIC original*		*Híbrido CORDIC*		*% de erro*	
	COSΘ	*SIN)*	*COSΘ*	*SIN)*	*COSΘ*	*SINO*	*COSΘ*	*SINO*
0	1	0	1	0	1	0	0	0
5.978393527	.994561242	.104153417	.99440625	.1041875	.99440625	.1041875	.015499	.003409
10.19714353	.984204435	.177035673	.98396875	.1770625	.98396875	.1770625	0.023568	0.02683
17.22	.955175082	.296181412	0.9549375	.2961875	0.9549375	.2961875	0.023758	0.000609
21.44714353	.930755276	.365642742	.9305625	.3655625	.9305625	.3655625	0.0192776	0.008024
43.94714353	.71998033	.69399447	.7199375	.69378125	.7199375	.7199375	0.004283	.021322
45	0.707106781	0.707106781	.7069375	.70696875	.7069375	.70696875	0.000138031	0.00138031
60	0.5	0.866025403	0.50084375	0.8653125	0.50084375	0.8653125	.000084375	0.000138
64.45312497	0.431249772	.902232583	0.4316875	0.9018125	0.4316875	0.9018125	0.000712903	0.004532
67.48535153	0.38290252	0.923781319	0.38403125	0.9231875	0.38403125	0.9231875	0.00054000	0.02325
75	.258819045	0.965925826	0.2591875	0.9656875	0.2591875	0.9656875	0.0007152	0.0002356
86.95312497	0.053152941	0.998586383	0.0536875	0.99840625	0.0536875	0.99840625	0.0007893	0.00089552
88.94714353	.018374777	0.999831169	.0185	.09999625	.0185	.09999625	.012523	0.0013134
90	0	1	0.00003125	.99996875	0.00003125	.99996875	0.0003125	0.0003125
137.9003905	-0.74197584	0.68199836	-0.740875	0.67159375	-0.740875	0.67159375	0.00078954	0.01040461

CAPÍTULO 8

CONCLUSÃO E ÂMBITO FUTURO

8.1 Conclusão

No presente trabalho, é apresentada uma ideia sobre o desempenho do algoritmo CORDIC para a geração de seno-coseno. O CORDIC Original, foi simulado usando Xilinx 14.7. A síntese do CORDIC original e do CORDIC híbrido foi efectuada no Xilinx 14.7. A área necessária foi medida em termos de registo de fatia, LUTs de fatia e IOBs. Estes são basicamente sintetizados para obter alta velocidade em termos de frequência. O atraso é de 3,799ns para o CORDIC original e, no caso do CORDIC híbrido, é de 3,786ns. A frequência é de 263,201MHz e 264,118MHz para o CORDIC original e o CORDIC híbrido, respetivamente. Verificou-se que a utilização do número de registos de fatias é igual a 979 no CORDIC original. No caso do CORDIC híbrido, verificou-se que a utilização do número de registos de segmentos era igual a 888. Para o CORDIC original, a percentagem de utilização para o número de registos de fatias utilizados é igual a 1024 e para o CORDIC híbrido é igual a 958. Deste modo, a velocidade do CORDIC híbrido é superior à do CORDIC original e os recursos também são menores, pelo que pode ser utilizado em aplicações incorporadas em tempo real.

8.2 Âmbito futuro

Além disso, este trabalho é alargado para aumentar a velocidade, utilizando o algoritmo CORDIC híbrido para um radix mais elevado. Combinando outras técnicas CORDIC, a área e a potência podem ser reduzidas e, para obter uma precisão muito elevada, pode ser concebido um algoritmo CORDIC de ponto flutuante IEEE de dupla precisão. A latência do CORDIC pode ser ainda mais reduzida utilizando deslocadores com fio com o método CORDIC adaptativo baseado no atraso da recodificação angular paralela, porque o deslocador complexo contribui consideravelmente para o tempo de ciclo do ciclo CORDIC.

REFERÊNCIAS

[1] J. E. Volder, "A técnica de computação trigonométrica CORDIC", *IRE Trans. Electron. Computers*, vol. EC-8, pp. 330334, Sept. 1959.

[2] J.S.Walther . "A Unified algorithm for elementary functions", in preeedings of spring. Actas conjuntas da primavera, Conferência conjunta de computadores, 1971, pp.379-385.

[3] P. K. Meher et al., "50 years of CORDIC: Algorithms, Architectures and Applications", *IEEE Trans. Circuits Syst. I*, vol. 56, no. 9, pp. 18931907, Sep. 2009.

[4] S. Wang, V. Piuri, e J. E. Swartzlander, "Hybrid CORDIC algorithms," *IEEE Trans. Comput.*, vol. 46, no. 11, pp. 12021207, Nov.1997.

[5] Bhawna Tiwari, Nidhi Goel" Implementation of a Fast Hybrid CORDIC" Architecture2016 Second International Conference on Computational Intelligence & Communication Technology.

[6] Supriya Aggarwal e Pramod K. Meher, "Arquitecturas CORDIC reconfiguráveis para operações multimodo e multitrajectórias", *IEEE Int. Symp. on Circuits and Systems (ISCAS)*, junho de 2014, pp. 2490-2494.

[7] Satish Sharma et al, "Implementation of Para-CORDIC algorithm and its application in Satellite Communication," *IEEE Int. Conf. sobre Avanços em Tecnologias Recentes em Comunicação e Computação (ARTCom)*, Out. 2009, pp. 266-270.

[8] H. Hu e S. Naganathan, "Um método de recodificação angular para a implementação do algoritmo CORDIC", *IEEE Trans. Comput.*, vol. 42, no. 1, pp. 99102, Jan. 1993.

[9] Y. H. Hu e H. H. M. Chern, "A novel implementation of CORDIC algorithm using backward angle recoding ," *IEEE Trans. Comput.*, vol. 45, no. 12, pp. 13701378, Dez. 1996

[10]Abubeker K.M, Sabana Backer e Abey Mathew Varghese, "Implementação em série e paralela da arquitetura CORDIC: A Comparative Approach," *IEEE Int. Conf. sobre Microeletrónica, Comunicação e Energias Renováveis (ICMiCR)*, junho de 2013, pp. 1-6.

[11]E. Antelo, J. Villalba, J. D. Bruguera, e E. L. Zapatai, "Arquitecturas de rotação de alto desempenho baseadas no algoritmo CORDIC radix-4," *IEEE Trans. Comput.*, vol. 46, no. 8, pp. 855870, Aug. 1997.

[12]E. Antelo, T. Lang, e J. D. Bruguera, "Very-high radix circular CORDIC: Vectoring and unified rotation/vectoring," *IEEE Trans. Comput.*, vol. 49, no. 7, pp. 727739, julho de 2000.

[13]] C.-S.Wu, A.-Y.Wu e C.-H. Lin, "A high-performance/low-latency vetor rotational CORDIC architecture based on extended elementary angle set and trellis-based searchingschemes," *IEEE Trans. Circuits Syst. II: Anal. Digital Signal Process*, vol. 50, no. 9, pp. 589601, Sep. 2003.

Printed by Books on Demand GmbH, Norderstedt / Germany